LES MAITRES

DE LA

Caricature Française

AU XIXe SIÈCLE

115 FAC-SIMILÉS DE GRANDES CARICATURES EN NOIR
5 FAC-SIMILÉS DE LITHOGRAPHIES EN COULEURS

NOTICE de M. Armand DAYOT

ILLUSTRÉE DE VIGNETTES ORIGINALES

PARIS

MAISON QUANTIN

COMPAGNIE GÉNÉRALE D'IMPRESSION ET D'ÉDITION

7, RUE SAINT-BENOIT

LA

CARICATURE FRANÇAISE

REPRODUCTION INTERDITE

QUELQUES NOTES

SUR LA

CARICATURE AU XIXe SIÈCLE

« Elle va çà et là, par sauts et par bonds ; elle frappe à droite, elle frappe à gauche : elle mord, elle égratigne, elle est cruelle, elle est menteuse ; mais après tout elle est si bonne fille qu'on ne peut guère se fâcher contre elle. Elle use de son droit en riant de tout et de toutes choses, et puis, comme elle n'est dangereuse qu'à la condition qu'elle aura beaucoup de sel et beaucoup d'esprit, et qu'elle sera très claire et très intelligible pour tous, il faut en conclure que c'est un genre que l'on ne peut trop encourager, quand bien même on devrait en être la victime plus tard. C'est donc une méchanceté et une panique par trop grandes de vouloir proscrire ces malicieuses esquisses de la vie humaine dans ce que la vie humaine a de risible. Autant vaudrait dire aux peintres : ne faites pas de portraits ! que de leur dire : ne faites pas de *caricatures !* Connaissez-vous, en effet, bien des portraits sérieux qui ne soient pas quelque peu *caricatures* par quelques côtés ? Entrez au Salon de peinture : regardez bien tous ces bourgeois qui étalent leur croix d'honneur, toutes ces femmes qui montrent leur mérinos rouge et leurs robes de velours noir, ces enfants en uniforme de hussards,

a.

ces messieurs en habit de garde national, ces portraits de rois et de princes dans toutes sortes d'attitudes ! Ne sont-ce pas là de véritables caricatures aussi loin de la vérité que de la vraisemblance ? D'où je conclus encore que la caricature est partout, qu'elle est inattaquable, qu'elle échappe à tous les murmures, à toutes les clameurs, à tous les supplices, à tous les procès. »

Le rôle et le caractère de la caricature sont si clairement définis dans cette apologie, due à la plume de Jules Janin, que nos lecteurs nous sauront gré sans doute de l'avoir placée en tête de cette rapide étude où nous voudrions simplement nous borner à esquisser d'un trait rapide la physionomie des caricaturistes les plus célèbres de ce siècle, de ceux surtout dont le talent s'est élevé, dont la réputation a grandi au milieu des luttes ardentes et périlleuses de la satire contre la tyrannie et les fautes du pouvoir. Nous nous dispenserons de rechercher à travers de longs développements l'origine très lointaine de la caricature, laissant aux historiens de cet art, nombreux aujourd'hui et fort érudits, le soin de décider à coups de documents si le premier caricaturiste s'appela Ctésilope, Antiphile ou Clésidès, à moins que ce ne fût tout simplement l'obscur Égyptien qui illustra le fameux papyrus du musée de Turin, dont Grandville s'inspira peut-être dans ses monstrueuses créations d'hommes-bêtes.

A vrai dire, la caricature s'est toujours manifestée en France, du moyen âge jusqu'à nos jours. En pouvait-il être autrement chez un peuple aussi frondeur, aussi spirituel, aussi essentiellement railleur, aussi prompt à saisir le côté ridicule de toutes choses ? Mais jusqu'en 1830 elle fut impersonnelle, presque toujours puérilement formulée dans un dessin gauchement relevé de colorations vulgaires, obscure au point d'être obligée d'employer la banderole explicative pour se faire comprendre, et trop souvent grossière.

Ici, les Anglais ont été les précurseurs des maîtres français modernes. Alors que, dans de grotesques et naïves images, nos satiriques de fin de la Révolution et du commencement de l'Empire s'escrimaient contre le pouvoir des moines, la puissance des nobles et la tyrannie impériale, Hogarth, Rowlandson, Gillray, l'impitoyable ennemi de Napoléon, les Cruikshank, savaient déjà enfermer leurs conceptions caricaturales dans de remarquables compositions puissamment exécutées, bien que trop souvent d'une brutalité de mauvais goût. Cependant nous serions injuste en ne mentionnant pas, dans ce rapide aperçu historique, quelques humoristes français du commencement du siècle : Isabey, Boilly, Carle Vernet, Bosio, etc., qui souvent rivalisèrent avec les satiriques d'outre-Manche par l'ingéniosité de leurs compositions, l'élégance de leur dessin, et quelquefois même leur furent supérieurs par le charme et l'harmonie de leur couleur. Mais ils ne surent jamais qu'effleurer des ridicules superficiels. C'est bien à tort qu'on a enrégimenté dans la cohorte hirsute des caricaturistes ces artistes spirituels et charmants, plus préoccupés, comme leurs maîtres du siècle passé, de décrire dans un style élégant les plaisirs de la vie mondaine que d'en flageller les travers et les vices.

C'est le 4 novembre 1830, date de l'apparition du premier numéro du fameux journal de Charles Philippon [1], que naquit, dans toute sa force, puissante comme Hercule voyant pour la première fois le jour, la caricature française moderne. Le XIXe siècle est vraiment le siècle de la caricature. Jamais elle n'apparut si formidablement armée, jamais elle ne porta d'aussi terribles coups que pendant la période historique qui sépare la fuite de Charles X de l'écroulement du gouvernement de Juillet. Mais aussi, quels puissants artistes que ces intrépides dessinateurs, qui, obéissant avec une discipline toute militaire à l'ardente inspiration de leur directeur, se jetaient dans la lutte politique, au péril de leur liberté, armés de leurs terribles crayons, ne s'arrêtant que devant les cadavres de leurs adversaires.

La plus redoutable des armes adoptées par les républicains contre Louis-Philippe, la plus efficace, fut le journal de Charles Philippon : *la Caricature;* elle lui porta des coups mortels, comme plus tard *la Lanterne* d'Henri Rochefort au second Empire. Tellement il est vrai que dans notre bon pays de France il n'est pas de bastille qui résiste à un pamphlet bien acéré.

Les tirailleurs que Philippon, l'âme damnée de cette feuille infernale, lançait contre les Chambres, contre le ministère, contre les vices et les ridicules d'une bourgeoisie pourrie, et jusqu'à l'assaut du trône, formaient, dans les sombres bureaux de rédaction du passage Véro-Dodat un véritable bataillon sacré, car voici les noms des principaux d'entre eux : Decamps, Grandville, Charlet, Raffet, Daumier, Gavarni, Henry Monnier, Traviès, Forest... et l'infatigable directeur, toujours sur la brèche, toujours sarcastique, toujours la légende satirique aux lèvres, toujours prêt à jeter dans l'imagination un peu paresseuse de Daumier le trait typique que le grand artiste fixait aussitôt sur la pierre avec un réalisme impitoyable et dans une forme michelangelesque.

C'est Philippon qui inventa la fameuse poire si souvent reproduite sous diverses formes dans *la Caricature*, puis plus tard dans *le Charivari*. « Le diable emporte la poire ! s'écrie un des personnages de Traviès. Adam nous a perdu par la pomme, et Lafayette par la poire. »

Cette poire symbolique amena plusieurs fois Philippon devant les juges. On connaît son spirituel procédé de défense. Il consistait à faire en pleine audience une série de

1. Charles Philippon naquit à Lyon, en 1800. Il mourut à Paris, en 1862. Il étudia la peinture dans l'atelier de Gros. Il fut successivement directeur de *la Caricature*, du *Charivari*, du *Journal pour rire*, qui devint plus tard *le Journal amusant* sous la direction de son fils Eugène Philippon, mort en 1874. Charles Philippon dessinait peu. Il s'efforçait surtout de communiquer à ses collaborateurs la flamme satirique qui le dévorait.

croquis qui, partant de la tête fort ressemblante du roi, aboutissaient à l'image exacte du fruit en passant par des modifications successives. Puis il disait à ses juges [1] :

« Si, pour reconnaître le monarque dans une certaine caricature, vous n'attendez pas qu'il soit désigné autrement que par la ressemblance, vous tomberez dans l'absurde. Voyez ces croquis informes, auxquels j'aurais peut-être dû borner ma défense :

Ce croquis ressemble à Louis-Philippe.
vous condamnerez donc !

Alors il faudra condamner celui-ci,
qui ressemble au premier.

Puis condamner cet autre qui ressemble
au second.

Et enfin, vous ne sauriez absoudre cette poire,
qui ressemble aux croquis précédents.

« Ainsi, pour une poire, pour une brioche, et pour toutes les têtes grotesques dans lesquelles le hasard ou la malice aura placé cette triste ressemblance, vous pourrez infliger à l'auteur cinq ans de prison et 5,000 francs d'amende ! Avouez, messieurs, que c'est là une singulière liberté de la presse ! »

Et tout le monde de rire, même les juges.

1. Nous donnons ci-dessus le fac-similé du numéro du *Charicari* du 17 janvier 1834.

Un autre jour, *la Caricature* publiait un dessin représentant une poire gigantesque surmontant le piédestal de la place de la Concorde. Légende: « Le monument *expia-poire*. » Cette plaisanterie régicide amena de nouveau Philippon en cour d'assises. « Le parquet a vu là une provocation au meurtre, s'écria le coupable ; ce serait tout au plus une provocation à la marmelade. »

Ces nombreux et merveilleux artistes de combat, dont sut s'entourer Philippon, ont tous une personnalité bien marquée. Le dessin par lequel chacun d'eux exprime sa pensée est toujours d'une saisissante originalité. Et c'est là surtout ce qui fit le retentissant et persistant succès du journal *la Caricature*. La riche variété de ses lithographies, chacune d'un aspect et d'un esprit bien particuliers, lui donne une puissante couleur de vie que perd bien vite un journal qui n'a pour l'illustrer qu'un seul crayon, quelque prestigieuse que soit la main qui le dirige.

De tous les artistes du journal de Philippon, Daumier [1] fut le plus grand comme il est et demeurera toujours le maître incontesté de l'art de la satire politique en France et ailleurs. Qu'on nous cite un nom qui puisse être opposé au sien, voire même celui de Goya, dont les *caprices* les plus étranges n'ont jamais plus de profondeur que les compositions du maître français, et qui ne fut la plupart du temps qu'un merveilleux coloriste, cherchant surtout son effet dans l'étrangeté troublante de ses ébauches et dans l'exagération fantastique des oppositions de tons, alors que le génie si complet et si français de Daumier tire toute sa puissance de l'éloquente simplicité de l'expression, qui toujours se dégage franchement et vigoureusement de l'intime union du plus puissant et du plus original des dessins et de la plus riche des couleurs.

Quant à nous, nous ne découvrons dans les *Désastres de la guerre* et dans les *Scènes d'invasion*, aucune planche qui puisse être comparée à la *Rue Transnonain*, et nous avons vainement feuilleté les albums où sont rassemblés les chefs-d'œuvre des caricaturistes de tous les pays et de toutes les époques, sans rencontrer de compositions comparables aux suivantes et qui ont figuré dans *la Caricature* et dans *l'Association mensuelle*, sous les rubriques : *Primo saignare...; La Liberté de la Presse; Accusé, parlez, la défense est libre; Enfoncé Lafayette!... Venez petits, petits; Le bleu s'en va;...* etc., etc. Et ce fameux *Ventre législatif,* où toute l'histoire de la monarchie

---

1. Honoré Daumier, né à Marseille, le 26 février 1808, mort à Valmondois en 1879.

de Juillet est symbolisée avec une implacable ironie, dans un merveilleux tableau lithographique représentant, lourdement plongés dans un sommeil digestif, et arrondis comme des bourses pleines ou des futailles, les ventrus du parlement-croupion. Et *le Carcan!* Et *la Tentation!* Et cette planche désopilante qui porte pour titre : « *Le Cortége du commandant général...* » Et tous ces superbes portraits des familiers du château, des ministres, des députés, des procureurs généraux, des présidents de Chambre... etc., plus vivants et plus réels que ceux du musée de Versailles et qui resteront comme de précieux documents historiques, car l'exagération de la laideur ne fait qu'accentuer la vérité des traits du visage.

« Ils sont tous dans cette galerie ouverte aux figures noyées dans la graisse, aux gros ventres, aux articulations ankylosées.

« C'était l'époque des gras. La bourgeoisie avait du ventre et la jeunesse ne trouvait pas de railleries assez aiguës pour pénétrer cette graisse[1]. »

Mais le crayon satirique de Daumier ne s'exerce pas seulement dans le domaine politique, où, quoi qu'en dise Beaudelaire, son rire ne rayonne pas toujours,

... franc et large,
Comme un signe de sa bonté.

Les lithographies où il flagella tour à tour les ridicules des bourgeois et des... Dieux sont innombrables.

On l'a fort bien dit : « Daumier a imprimé la griffe du lion sur son époque. Il a, de 1830 à 1852, brossé à grands traits un immense panorama de la bourgeoisie, cette puissance du moment. Bien avant Meilhac et Halévy, Daumier avait bafoué et cloué au pilori du ridicule l'antiquité classique. Télémaque, Mentor, Minerve, les dieux, les héros, les sages, les philosophes, bellâtres, stupides, grimaçants, gibbeux, obtus, maigres comme des clous, ou gras comme des chapons, le nez roupieux, les pieds ornés de cors fantastiques, étalent dans ses planches effrontées l'idéal de la bêtise humaine. — *Orphée aux Enfers, la Belle Hélène,* ne sont que des pâles réminiscences de Daumier. Tous les engouements absurdes passent au fil de son impitoyable crayon. Il crève le ballon de l'autonysme, il renvoie à leurs chausses les *Bas-bleus* humanitaires, les dramaturges femelles, les poétesses de salon, les femmes fortes, les fabricants de méditations élégiaques sans orthographe, les ménagères clubistes, *les Divorceuses* fortes en gueule, la femme révoltée proclamant l'émancipation et l'égalité des sexes. »

« Denys, tyran de Syracuse, désirant connaître les lois et les mœurs des Athéniens, Platon lui envoya les comédies d'Aristophane. — Qui veut se rendre compte aujourd'hui de l'époque de Louis-Philippe doit consulter l'œuvre de Daumier. »

---

1. CHAMPFLEURY. — *Histoire de la Caricature française.*.

Cette judicieuse remarque est du savant historien de la caricature, M. Champfleury, et elle indique parfaitement, selon nous, la portée de l'œuvre de l'artiste [1].

De tous les dessinateurs du siècle, Daumier est sans contredit celui qui a le
plus fait pour la vulgarisation de l'art de la lithographie. Art superbe qui agonise
aujourd'hui en présence de l'indiffé-
rence regrettable de Celui qui devrait le
soutenir, et au milieu des éclosions
instantanées des procédés artificiels de
reproduction.

Si, dans quelques années, après le
dernier soupir du dernier lithographe, il
plaisait à un fervent ami de cet art si
puissant et si tendre à la fois, de faire
voir, rassemblés dans une exposition générale, les chefs-d'œuvre de la lithographie
française, il n'est pas douteux que Daumier tiendrait le premier rang, sur la même
ligne que Raffet et Gavarni.

Et cependant l'œuvre de Daumier n'est pas purement lithographique. Il n'a pas
toujours écrasé son vigoureux crayon sur la pierre. Plus de deux cents toiles signées
de son nom, riches de couleur comme des peintures de Delacroix, de Decamps et de
Millet et souvent dignes d'être signées par ces grands maîtres, ornent des galeries
particulières. Pas une seule ne figure encore au musée du Louvre.

Nous souhaitons vivement qu'à la suite de l'exposition des maîtres français de
la caricature, exposition dont cet album est destiné à prolonger le souvenir, l'État
honore la mémoire de ce grand artiste en attribuant à une de ses compositions pictu-
rales, qui sont d'ailleurs de dimensions très modestes, une petite place dans une
de ses galeries d'art.

Mais toute l'œuvre de cet infatigable travailleur n'est pas encore là. C'est par
centaines qu'on pourrait cataloguer ses dessins et ses aquarelles. C'est assurément
dans ce dernier genre que Daumier excelle.

Chose curieuse, dans ses dessins et dans ses aquarelles, là où il échappe à l'influence de Philippon, Daumier choisit presque exclusivement ses sujets dans la vie
des hommes de loi et des saltimbanques.

Les attitudes agitées et grotesquement comiques des robins et des *Bilboquets*
l'intéressent également et on sent qu'il se complaît à fixer de son pinceau ironique

---

1. L'œuvre de Daumier, cataloguée seulement jusqu'en 1860, peut se détailler ainsi par grandes
subdivisions : *La Politique, les Gens de Justice, les Bourgeois, la Province, les Robert-Macaire, les
Bas-bleus, les Enfants, Paris, Inventions, Villégiature, Théâtre, Artistes.*

leurs gestes tumultueux. Mais si son *Paillasse* a presque toujours l'air bon enfant, il n'en est pas de même de son *Homme de justice* dont la physionomie est toujours idiote et méchante.

C'est que Daumier n'oublia jamais la condamnation que lui valut son *Gargantua*. Il garda de son séjour à Sainte-Pélagie un très amer souvenir et c'est pour cela que ses gens de robe figureront éternellement, avec leur rire de requin, leurs larmes de crocodile et leurs battements d'ailes, entre les médecins de Molière et les rentiers d'Henry Monnier.

La seconde place parmi les illustrateurs politiques de *la Caricature* appartient à notre avis à Traviès qui d'ailleurs est éloigné du maître de toute la distance qui sépare le talent du génie[1]. (Expression consacrée.)

En général le dessin de Traviès est sec, heurté, maigre. Il est de nature souffreteuse comme le dessinateur lui-même, qui mourut presque de faim sur un grabat, dans une mansarde du quartier Latin, après avoir vécu d'une vie malheureuse, traversée de déceptions cruelles presque toujours provoquées par ses infirmités physiques. Aussi ses caricatures politiques se ressentent-elles souvent de l'état de son âme devenue misanthrope, jalouse, haineuse. Elles blessent comme des flèches empoisonnées.

Traviès, qui d'ailleurs composait ses sujets avec beaucoup d'habileté, a réussi quelquefois à s'élever dans certaines lithographies presque à la hauteur de Daumier. Je citerai pour exemples deux ou trois de ses portraits politiques et son fameux *Liard*, dit le Chiffonnier philosophe, personnage presque légendaire il y a une trentaine d'années.

Dans une planche vraiment superbe, Traviès nous le présente légèrement affaissé sous le poids de sa hotte, son crochet à la main, sa casquette sur l'oreille, l'œil malin, le nez au vent, la lèvre ironiquement retroussée. Le personnage se détache sur un joli fond de jardin de guinguette où de joyeux couples boivent à l'ombre des tonnelles la gaieté dans « le petit vin clair ». Tout dans cette composition est plein de santé et de vie, et le personnage, et la nature qu'il traverse en joyeux philosophe, la chanson et la raillerie aux lèvres, et jusqu'au coup de crayon, gras, puissant et prolongé comme celui de Daumier, mais c'est presque une exception dans l'œuvre très inégale de Traviès. C'est surtout par la création du type de Mayeux, ce bossu cynique, vaniteux et paillard qui a désormais pris place (une toute petite place, il faut le dire) entre le *Robert-Macaire* de Daumier et le *Prudhomme* de Monnier, que Traviès acquit une grande notoriété !...

1. Charles Traviès de Villers naquit en 1804, à Wulffbingen (canton de Zurich). Il mourut à Paris, en 1859. Il appartenait à une famille d'émigrés qui s'était retirée en Suisse.

Les planches, presque toutes lourdement enluminées, où Traviès a décrit les avatars successifs de son héros gibbeux, sont innombrables.

Tour à tour il nous le fait voir sous l'uniforme du garde national, sous la longue blouse de l'épicier, sous l'habit du notaire, du diplomate, sous la redingote du tailleur, sous le tablier du charcutier... et presque toujours, à quelque classe de la société qu'il appartienne, qu'il rédige des protocoles ou vende des saucissons, des facéties assaisonnées d'un sel grossier, plus allemand que gaulois, et qui forment une série de légendes dont on pourrait composer un catéchisme pornographique, s'échappent de sa vilaine bouche.

Mayeux est-il une conception fantasque, une ébauche difforme de synthèse sociale ou le portrait sincère d'un personnage existant?

C'est Beaudelaire qui dans son étude sur les caricaturistes français se charge de répondre à cette question, que la plupart de ceux qui ont feuilleté l'œuvre de Traviès se sont posée sans réussir à la résoudre.

« Il y avait à Paris une espèce de bouffon physionomane, nommé Léclaire, qui courait les guinguettes, les caveaux et les petits théâtres. Il faisait des *têtes d'expression*, et, entre deux bougies, il illuminait successivement sa figure de toutes les passions... Cet homme, accident bouffon, plus commun qu'on ne le suppose dans les castes excentriques, était très mélancolique et possédé de la rage de l'amitié. En dehors de ses études et de ses représentations grotesques, il passait son temps à chercher un ami et, quand il avait bu, ses yeux pleuraient abondamment les larmes de la solitude... Traviès le vit. On était encore en plein dans la grande ardeur patriotique de Juillet; une idée lumineuse s'abattit dans son cerveau : Mayeux fut créé, et pendant longtemps le turbulent Mayeux parla, cria, pérora, gesticula dans la mémoire du peuple parisien [1]. »

A parler franchement, nous ne découvrons pas le lubrique et virulent Mayeux de Traviès dans le personnage mélancolique et affectueux découvert par l'auteur des *Fleurs du Mal*.

On a dit que ce n'est qu'exceptionnellement qu'il faut chercher chez les natures ironiques la représentation des délicatesses féminines.

1. CHARLES. BEAUDELAIRE, *Curiosités esthétiques.*

Cela est toujours vrai pour Grandville, souvent pour Monnier, et presque toujours pour Daumier. Mais cette observation ne peut s'appliquer à Traviès dont les femmes, toujours jeunes, ont une fraîcheur de pomme, un parfum de fleurs sauvages, des formes aux rondeurs virginales, qui contrastent d'ailleurs singulièrement avec les difformités monstrueuses et les affreux sourires de Mayeux, toujours lancé à leur poursuite.

Nous pourrions citer ici un grand nombre de planches où la grisette et la petite bourgeoise sont représentées sous un aspect véritablement triomphant, et qui font excuser en partie les enthousiasmes érotiques du bossu. Mais le style, trop naturaliste dans lequel sont formulées les sensations vésuviennes de ce dernier nous oblige à ne pas mentionner les légendes.

Traviès a illustré Balzac : *les Français peints par eux-mêmes*. Il a aussi exposé au Salon quelques portraits médiocres de 1848 à 1855, et, détail piquant, l'État possède un tableau religieux signé par le créateur de Mayeux : « Jésus et la Samaritaine ». Cette toile fut achetée en 1853.

De tous les artistes qui collaborèrent à *la Caricature*, Henry Monnier est celui qui échappa le plus à l'influence inspiratrice de Charles Philippon, qui, dans sa haine implacable contre la monarchie de Juillet, demandait surtout à ses collaborateurs des charges à fond de train ou des allusions cruelles contre le pouvoir. Ce genre très périlleux d'exercice ne plaisait que médiocrement à Monnier, qui préférait employer les merveilleuses ressources de son talent à la peinture des ridicules bourgeois. Il fut le peintre des Homais de son époque et il en a magistralement personnifié la bêtise et la suffisance dans l'immortelle figure de Joseph Prudhomme.

L'œuvre de Monnier est considérable. Il faudrait un volume pour étudier dans ses multiples manifestations ce talent si complexe, si fin et si délié, fait à la fois d'ironie sanglante, de gaîté gauloise et d'impitoyable observation. Et quelle formule ! Nous pouvons dire que presque toutes les œuvres originales de Monnier nous ont passé sous les yeux depuis quelques semaines, et notre étonnement a été grand à la vue de certains crayons et aquarelles que des collectionneurs jaloux conservent avec le plus grand soin à la place d'honneur de leur galerie, et qui pourraient figurer au musée du Louvre à côté des meilleurs dessins des grands maîtres.

A l'encontre de Monnier, Grandville [1] fut un des plus acharnés politiciens de *la Caricature*. On ne peut feuilleter la collection de ce journal sans être surpris de la part considérable qu'il a prise, aidé, il est vrai, par la collaboration de son ami Forest,

1. Grandville naquit à Nancy en 1803 et mourut à Paris en 1847. Il était fils d'un miniaturiste et débuta lui-même par étudier la miniature.

à la campagne organisée par Philippon. Certaines de ces compositions demeurent inoubliables dans leur sanglante et féroce réalité. Citons ces deux réponses terribles, et demeurées célèbres à la fameuse déclaration de Sébastiani : « L'ordre règne à Varsovie. » « L'ordre règne aussi à Paris. » Cette dernière surtout est terrifiante et

nous avons toujours devant les yeux cet argousin à tête de mort, essuyant tranquillement de son mouchoir, au milieu des flaques de sang et des cadavres égorgés, sous un ciel livide, son épée rouge...

S'il est vrai, comme l'affirment ses biographes, qu'il apportait dans l'art de la satire la patience du miniaturiste, il faut reconnaître que sa puissance de travail était bien grande, car pendant qu'il remplissait *la Caricature* de ses interminables *processions politiques*, il répandait ses hommes-bêtes dans une foule de publications et ornait *le Magasin pittoresque* de ses Métamorphoses politiques.

On lui doit aussi une sorte de danse macabre, vague réminiscence des fresques du charnier des Innocents et de la chapelle de Kermaria, qui parut en huit pièces et un frontispice sous ce titre peu récréatif : *Voyage pour l'éternité*.

C'est peut-être la meilleure partie de l'œuvre de Grandville, bien supérieure à notre avis, et par la pensée et par le dessin, à ses fameuses Métamorphoses et à la plupart de ses caricatures politiques, trop souvent énigmatiques malgré l'étendue fatigante de leurs légendes.

Puis viennent : Charlet qui illumine un instant la physionomie un peu sombre et cruelle du journal par l'ivresse joyeuse de ses vieux grenadiers et quelques scènes grotesques empruntées à la vie bourgeoise ; Raffet qui, presque toujours tragique comme lorsqu'il décrivait de son crayon superbe *la Revue nocturne* et *le Combat d'Oued-Alleg*, livre à Philippon plusieurs planches de haute valeur : *Mourir pour la liberté*; — *Patriotes de tous les pays, prenez garde à vous!* — *La Barricade*; — *L'Adoration des mages...*, etc.; et Decamps dont le crayon puissant et lumineux s'exerça tout d'abord avec une violente franchise dans la caricature politique. Qui ne connaît ces pièces si sarcastiques et si amères, où Decamps esquisse, avec une violence implacable, toute sa haine contre le défunt gouvernement de Charles X et des jésuites, puis contre la monarchie de Juillet : *La France pleure ses victimes; Le Pieu monarque; Adieux touchants de l'ex-bien-aimé; Une baraque; Ah! cette fois je sens bien que je les rends les fameuses ordonnances; Arrêt de la cour prévôtale; Le jugement de Françoise Liberté*, etc., etc.

La Caricature disparut, après cinq années de luttes, à la fin de 1835. Mais, au moment de sa mort, *le Charivari* fondé par Philippon, en 1832, était déjà en grande faveur auprès du public. Ce journal ne tarda pas à obtenir un succès énorme. Pouvait-il en être autrement, alors que Philippon consacrait toute son énergie, tout son courage et toute sa verve endiablée à sa direction, et que les crayons des artistes que nous venons de mentionner et qui suivaient la bonne et la mauvaise fortune de l'homme qui les avait devinés et présentés au public, s'escrimaient à côté des plumes de Louis Desnoyer, le rédacteur en chef, d'Altaroche, d'Albert Clerc, de Félix Pyat, de Léon Gozlan, de Louis Reybaud, de Briffaud, etc.

Le Charivari eut à soutenir des procès sans nombre. Il y aurait un volume humoristique à écrire sur l'histoire de ses démêlés avec *les Gens de Justice*, comme disait dédaigneusement Daumier.

C'est en 1839, après les restrictions apportées à la liberté de la presse, que ce dernier et Philippon commencèrent à y crayonner les *Robert Macaire* et que

Gavarni, qui n'apparut que d'une façon très intermittente à *la Caricature* trop batailleuse pour lui, attaqua la série de ses célèbres compositions.

Faut-il placer Gavarni au nombre des grands caricaturistes du siècle? Évidemment non. Qui dit caricature dit interprétation grotesque d'un sujet, et Gavarni, même dans ses *Lorettes vieillies*, même dans ses *Partageuses,* même dans *les Anglais chez eux,* même dans *les Propos de Thomas Vireloque,* ne fut jamais que l'interprète fidèle de la réalité.

A ce sujet nous ne pouvons nous empêcher de protester en passant contre cette opinion trop accréditée dans le public, que Gavarni ne fut et ne sera jamais que le peintre mondain des élégances d'une époque.

Son nom aux harmonieuses syllabes est condamné, paraît-il, à n'évoquer dans l'esprit que des images de boudoirs parfumés où rêvent, paresseusement étendues sur des coussins profonds, des lorettes au corsage entr'ouvert, aux bandeaux de vierges et aux yeux alanguis, ou bien de fantastiques farandoles où passent au bruit des flonflons de Musard, au milieu d'un ruissellement de lumière et d'un nuage de poudre d'iris, des chicards, des balochards et des débardeurs enlacés.

J'imagine que Gavarni souffrirait de voir son œuvre si étrangement comprise, lui le moraliste amer, le philosophe désenchanté, qui, avec autant d'art que Daumier, sut écrire sur la pierre tous les orgueils déçus, tous les rêves malsains, toutes les haines, toutes les angoisses, qu'il découvrait et rencontrait sur les visages des damnés dans ses longues promenades méditatives à travers les cercles des enfers de Paris et de Londres.

Si Gavarni peignit d'une plume légère et savante les élégances de son époque, il grava profondément les deuils et les misères qu'il observa. Vireloque l'intéresse bien plus que le comte d'Orsay. Les figures de ses rôdeurs, ravinées par le vice, et de ses misérables ratés de la vie sont inoubliables.

Qui ne connaît cette lithographie soulignée de cette simple légende: *la Fin d'un roman* et représentant une femme du peuple encore belle malgré ses traits fatigués et ses rides précoces. Elle drape dans un lambeau de ses haillons un enfant nouveau-né. Le petit être dort tranquille. Une des mains de l'abandonnée est tendue vers les passants pendant que de ses lèvres s'échappe un refrain d'amour, appris sans doute *autrefois.....* Et cette autre *victime* lamentable, dans la personne maigre, osseuse, ratatinée et loqueteuse de laquelle est personnifiée la chanson des rues, et qui, les deux mains sous son tablier, la bouche ouverte dans un hiatus douloureusement comique, hurle une complainte d'un romantisme échevelé au dernier vers de laquelle répondra bientôt la chute d'un sou sur le pavé :

— « Gent trou-ou-badour
Re ! tiens ton destrier ra-a-pide :
E ! Cou : l'une jeune sylphi-i-de
Qui meurt d'amour. »

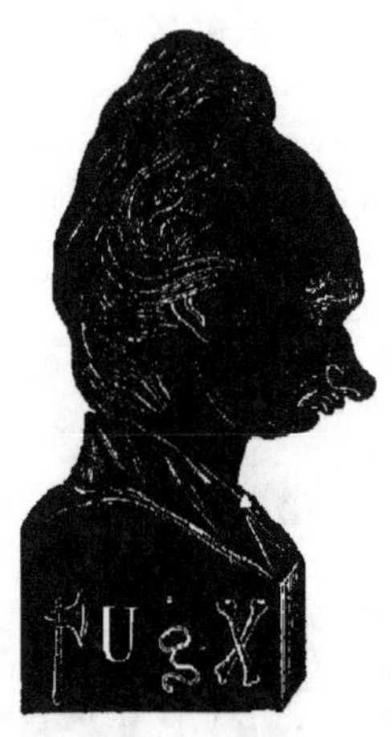

Mais la planche la plus impressionnante peut-être, de toute l'œuvre de Gavarni, est celle qui porte pour légende : *A eu calèche,* et qui nous montre une femme à tournure élégante et dont le corps amaigri semble être secoué par des frissons de colère, sous les vieilles nippes qui le recouvrent. L'expression qui se dégage du visage, serré dans un vieux mouchoir noué sous le menton et qui donne à la physionomie un aspect dantesque, est indéfinissable. C'est un mélange de haine concentrée, de rêves inassouvis, de vengeances profondément méditées. Au fond des deux yeux, pareils à deux trous noirs parfois traversés par une lueur d'enfer, on voit s'agiter toutes les mauvaises passions au milieu des regrets infinis. Le personnage arrêté sur le trottoir, d'où il semble regarder, dans une attitude féline et soudainement immobilisée, une calèche qui passe, se détache sur un fond de paysage urbain, indiqué très sobrement. Le ciel balayé par des rafales est mélancolique et pluvieux. Un ciel plein de larmes.

L'œuvre immense de Gavarni est remplie de ces analyses saignantes et c'est vraiment, croyons-nous, manquer de respect à sa mémoire que d'en faire une sorte d'illustrateur léger, de peintre de modes, dont l'œuvre est surtout destinée à fournir des documents aux historiographes des élégances passées, alors qu'il fut avant tout un observateur clairvoyant et profond des passions et des douleurs humaines que jamais artiste n'a su exprimer avec plus d'art et de vérité que lui.

De 1848 à nos jours *le Charivari*, qui fut vraiment le grand moniteur officiel de la caricature au XIXe siècle, traversa des périodes très difficiles, pendant lesquelles il dut modifier ses allures belliqueuses et mettre une sourdine à ses virulentes apostrophes. Il subit même une suspension de quelques jours à la suite du 2 décembre.

Mais il reparut bientôt plus vivant que jamais, rédigé par MM. Louis Huart, Taxile Delord, Clément Caraguel, Arnould Frémy... etc.

En 1858 sa rédaction littéraire se modifia profondément, et quelques jeunes illustrateurs que *le Journal amusant* de Philippon avait fait connaître vinrent apporter le secours de leurs crayons aux vieux vétérans de *la Caricature*. Citons parmi ces nouveaux venus : Hadol, Vernier, Darjou, Randon... etc.

La rédaction littéraire du *Charivari* ne fut jamais plus brillante qu'à cette époque. Elle se composait de Pierre Véron, d'Albert Wolff, d'Henri Rochefort, d'Adrien Huart, de Gustave Naquet.

Depuis 1866, *le Charivari* est dirigé par Pierre Véron qui s'acquitte fort bien de son rôle, 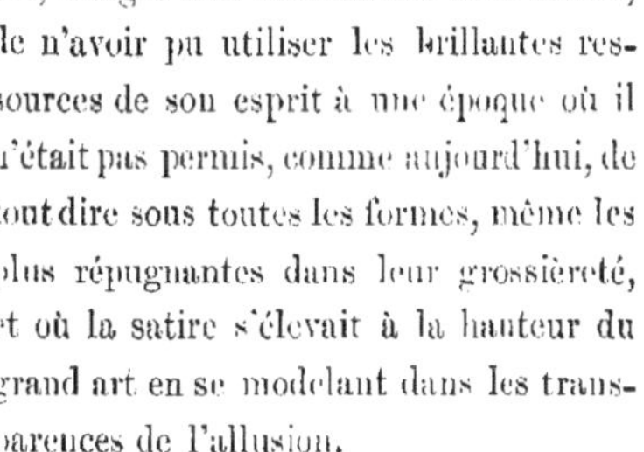 mais qui, croyons-nous, doit souvent regretter, malgré son libéralisme bien connu, de n'avoir pu utiliser les brillantes ressources de son esprit à une époque où il n'était pas permis, comme aujourd'hui, de tout dire sous toutes les formes, même les plus répugnantes dans leur grossièreté, et où la satire s'élevait à la hauteur du grand art en se modelant dans les transparences de l'allusion.

Il serait injuste toutefois de crier trop fort à la décadence. Certes l'époque actuelle, avec son excessive liberté de la presse, est peu favorable au relèvement de l'art de la caricature. Cependant, depuis que M. Pierre Véron dirige *le Charivari*, un caricaturiste d'une verve désopilante, Cham, et un humoriste d'un talent bien spirituel et bien distingué, Grévin, ont vivement intéressé le public par leurs productions si gauloises et si personnelles.

Mais toute la fleur de la caricature française n'est pas absolument renfermée dans les deux importantes publications dont nous venons de parler.

Nous manquerions à tous nos devoirs en ne mentionnant pas *l'Éclipse*, la *Lune rousse* que l'infortuné Gill illustra de tant de charges puissantes, le *Journal amusant*, le *Hanneton*, le *Diogène*, le *Triboulet* avec Luque, le *Don Quichotte* avec Gilbert Martin et surtout le *Boulevard*, antérieur aux précédents, que Carjat dirigea avec un goût si sûr pendant près de deux ans. Daumier vieilli, y publia quelques-unes de ses plus belles lithographies, à côté de Durandeau qui aurait fait bonne figure au temps des grandes batailles satiriques près de Traviès et de Grandville. Certaines des compositions publiées dans le *Boulevard* sont de véritables chefs-d'œuvre, et les portraits de Frédérick Lemaître et de Tamberlick, par Durandeau, ainsi que *sa suite,*

intitulée *Ces Messieurs de la lyre,* peuvent figurer honorablement parmi les plus belles planches de l'époque lithographique.

A l'heure présente, deux journaux : le *Chat Noir* et le *Courrier français* obtiennent un succès de bon aloi par la publication de croquis satiriques, quelquefois assez vigoureusement reproduits par le procédé. Les crayons les plus en vogue de ces deux feuilles parisiennes sont ceux d'Henri Pille, un satirique de belle humeur, de Forain, un humoriste à froid, philosophe à la façon de Rabelais, plein d'esprit et de talent, de Caran d'Ache, dont les croquis incisifs et vivants font songer à ceux de Meggendorfer et de Busch, et d'Adolphe Willette, un poète subtil doublé d'un peintre savant pour qui l'art triomphant du dessin n'a plus de secrets.

Je ne mentionne que les premiers rôles.

Il nous semble qu'un Charles Philippon surgissant en ce moment trouverait facilement parmi tous ces talents dispersés dans une foule de feuilles plus ou moins éphémères (il va sans dire que nous ne parlons pas ici des deux spirituels journaux mentionnés plus haut et auxquels nous souhaitons longue vie) les éléments d'un riche personnel de rédaction, qui pourrait peut-être nous rendre les beaux jours de *la Caricature*.

La verve satirique de ces jeunes artistes est évidente, et aussi bien en 1888 qu'en 1830 les sujets inspirateurs existent, car ils sont éternels. Robert Macaire est embusqué à tous les carrefours de la vie, et jamais il n'opéra avec plus d'audace et plus impunément. Mayeux bave en pleine liberté sur tout ce qui est propre et insulte grossièrement à tout ce qui s'élève au-dessus de sa bosse. Quant à M. Joseph Prudhomme, il ne fut jamais plus encombrant. Sa solennelle médiocrité s'étale triomphante dans la politique, dans les lettres, dans les arts.

On demande un Philippon. La besogne serait rude et bonne.

12 Avril 1888.

ARMAND DAYOT.

TABLE DES NOMS D'ARTISTES

PAR ORDRE ALPHABÉTIQUE

(Les artistes figurent dans cet Album suivant l'ordre chronologique)

ROUTE DE SAINT-CLOUD

CARLE VERNET
LES INCROYABLES

CARLE VERNET

LES MERVEILLEUSES

L. BOILLY

L'Economie politique.

ISABEY

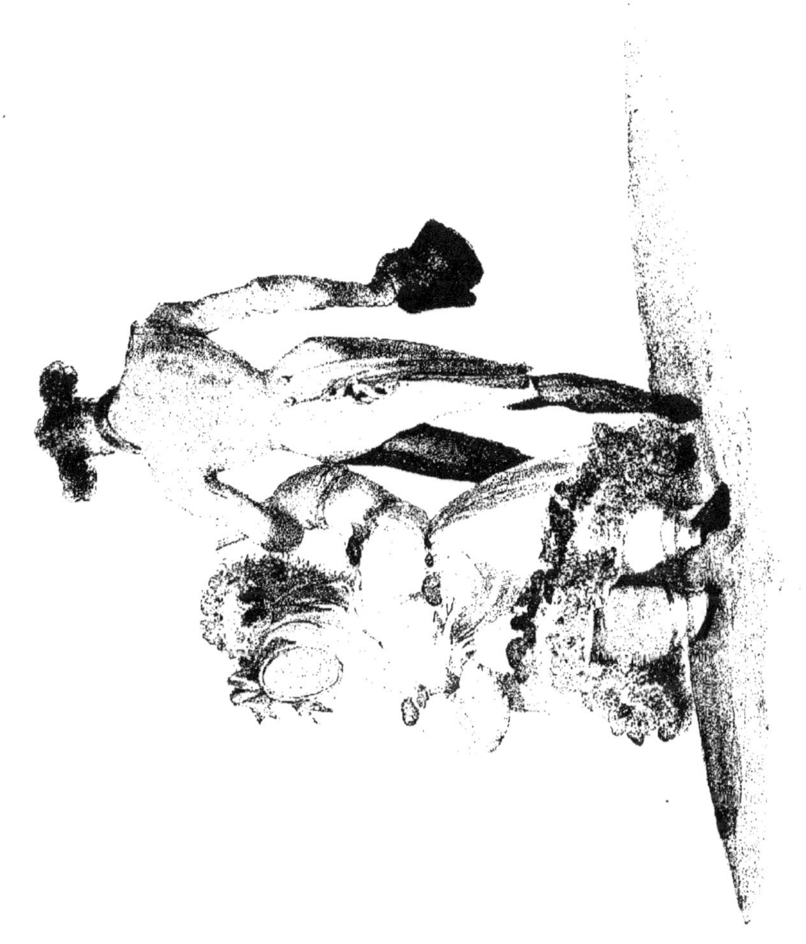

ISABEY

PIGAL

COMPOSITEUR

DANSEUR

ACADEMICIEN

PLAGIAIRE

DECAMPS

VUE INTÉRIEURE D'UNE BARAQUE

DECAMPS

LA FRANCE PLEURE LES VICTIMES, SES REPRÉSENTANTS PLEURENT LES BOURREAUX

« Plus que personne j'ai connu Charles X ; il ne voulait point le mal ; son cœur était bon. Je dirai ici qu'il voulait le bien de la France. »

(Chambre des Pairs.)

« Je le déclare, le reproche de férocité ne saurait être adressé à ce malheureux prince.

« Je le déclare, l'amour de la patrie brûlait dans son cœur. Pourquoi donc insulter au malheur ? »

(Chambre des Députés.)

L'An de grâce 1840, du règne glorieux de Charles X le 16me

Aujourd'hui après la messe S. M. a chassé au tir dans ses appartements.
L'Etat moral de la famille royale est toujours le même.

DECAMPS

LE PIEU MONARQUE

GRANDVILLE

Les Ombres portées

— On ne passe pas, mille tonnerres !!

— Mon cher Tartariscof, ce sont des promeneurs, des flâneurs, des voyageurs pittoresques; laissez-les passer, je vous en prie...

GRANDVILLE

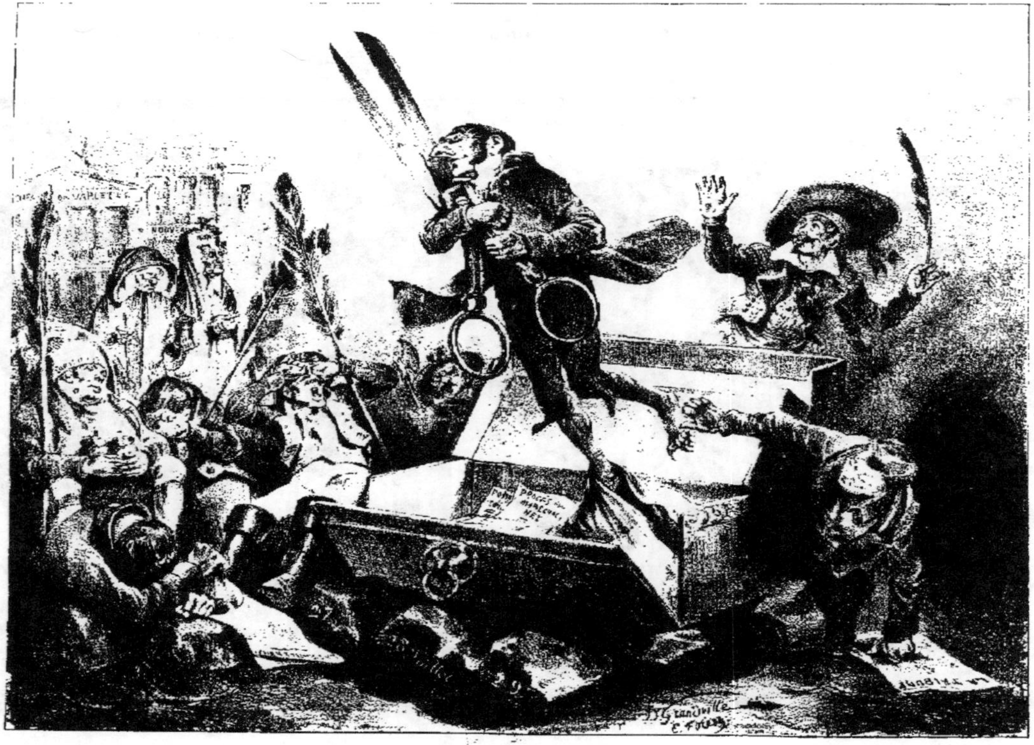

RÉSURRECTION DE LA CENSURE

« Et elle ressuscita le troisième jour après sa mort. » (Évangile saint Luc.)

GRANDVILLE

— Soufflez, soufflez, vous ne l'éteindrez jamais.

PRÉCAUTIONS INUTILES

C.-J. TRAVIÈS

A LA RENOMMÉE DES FAMEUSES BRIOCHES

CHARLOT, premier pâtissier de la Cour.

C.-J. TRAVIÈS

UN DES MUSICIENS DE LA CHAPELLE

C.-J. TRAVIÈS

— D'où diable! peuvent-ils savoir ça?

(M[al] SOULT)

M. MAYEUX DONNANT UNE LEÇON D'ESCRIME A SON FILS AÎNÉ

— Fends-toi donc à fond, et efface ta bosse tonnerre de D...

C.-J. TRAVIÈS

— Le Diable emporte les fruits ! !
Adam nous a perdus par la pomme et Lafayette par la poire.

C.-J. TRAVIÈS

LIARD
Chiffonnier Philosophe.

— Tonnerre de D... comme je lui ressemble!..

— Foi de Mayeux, j'adore les grosses!...

HENRY MONNIER

L'estime de certaines gens vaut moins qu'une condamnation en cour d'assises.

HENRY MONNIER

— Otez l'homme de la société, vous l'isolez.

HENRY MONNIER

— Je n'aime pas les épinards et j'en suis bien aise ; si je les aimais, j'en mangerais
et je ne peux pas les sentir.

HENRY MONNIER

EXISTENCES NON PROBLÉMATIQUES

CHARLET

Pingard et Buchette,
Faisant la partie d'aller demander du pain ou la mort.

CHARLET

HUTINET (fusilier de la 3ᵐᵉ du 2ᵐᵉ du 43ᵐᵉ.)

— Quand il a fait les montagnes, le Père Éternel, bien sûr que s'il avait pris l'sac sur le dos, y n'zaurait pas fait si hautes.

CHARLET

RAFFET

— Pour le soutien des corps de l'Église, s'il vous plaît.

La Barbarie et le Choléra morbus entrant en Europe.

Les Polonais se battent, les puissances font des protocoles et la France.....

GAVARNI

ANCIENNE DANSEUSE DU CORPS DE BALLET

GAVARNI

— Dis donc, petit, aimes-tu les huîtres ?
— Oui. . . . . Mais j'aime mieux les femmes...

. . . .

GAVARNI

PAR-CI, PAR-LA

— Aux avaricieux les coups de chapeau. Aux menteux, aux voleux, les coups de chapeau.

Et le petit monde?.... malmené!.... vu que pauvreté n'est pas vice.

GAVARNI

PAR-CI, PAR-LA

— Ma toile est chère, Bourgeois ! Mais y a toile et toile. Y a les toile' écrues...
et l'étoile polaire, Bourgeois !

GAVARNI

PAR-CI, PAR-LA

— Vos débardeuses, merci! Une culotte à une femme, j'aime pas ça!
pas plus qu'une pipe neuve.

GAVARNI

PAR-CI, PAR-LA

— Dans la Nouveauté on a toujours été... aristocrate. Y a trente ans,
nous portions des éperons.

L'Amateur des jardins

— C'est égal, mon escadron était un joli escadron.

GAVARNI

PAR-CI, PAR-LÀ

— Ce que je trouve de plus changé à Paris depuis vingt-cinq ans ?... les Parisiennes.

GAVARNI

PAR-CI, PAR-LA

Une brune à l'eau-de-vie.

GAVARNI

PAR-CI, PAR-LA

— T'appelles ça une moustache?... Un cul d'artichaut.

GAVARNI

PAR-CI, PAR-LA

Phèdre au Théâtre-Français.

Débuts de M. Paul de Trois-Étoiles, dans le rôle d'Hippolyte.

GAVARNI

PAR-CI, PAR-LA

— Des femmes qu'ont peur d'un verre de vin, c'est pas des femmes.

GAVARNI

Une Bonne

Sans nouvelles du 13ᵉ de Ligne.

GAVARNI

PAR-CI, PAR-LA

— Ce qui me manque à moi?... une t'ite mère comme ça, qu'aurait soin de mon linge.

H. DAUMIER

Hugo, lorgnant les voûtes bleues,
Au Seigneur demande tout bas :
Pourquoi les astres ont des queues
Quand les *Burgraves* n'en ont pas.

Ne vous y frottez pas !!

H. DAUMIER

DAVID D'ANGERS

H. DAUMIER

WOLOWSKI

H. DAUMIER

Mʳ BARBÉ MARBOIS

H. DAUMIER

Mᵐᵉ DE LA PIÇONNERIE.

Accoucheuse jurée prend des pensionnaires à juste prix.

H. DAUMIER

M ARLÉPAIRE

H. DAUMIER

Mᵣ ROYER COLAS

En vieille Marquise de l'ancienne Cour

H. DAUMIER

MARIE-LOUISE-CHARLOTTE-PHILIPPINE PAIRIE

Fille soumise et patentée par la police.

H. DAUMIER

CORTÈGE DU COMMANDANT GÉNÉRAL DES APOTHICAIRES

Le Prince Lancelot de Tricanule, à son entrée dans la Chambre des Pairs.

H. DAUMIER

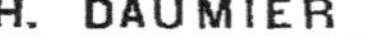

— Petits! petits! petits!... venez! venez! venez!... venez donc, dindons!

H. DAUMIER

VOYAGE A TRAVERS LES POPULATIONS EMPRESSÉES.

H. DAUMIER

LE PETIT THIERS BAPTISÉ DOCTRINAIRE.

H. DAUMIER

DERNIER CONSEIL DES EX-MINISTRES

H. DAUMIER

— Philippe mon père, ne me laissera donc plus de gloire à acquérir !...

Primo saignare, deinde purgare, postea clysterium donare.

D'abord saigner, ensuite purger, postérieurement seringuer.

(Quelques personnes traduisent deinde par le mot dinde, mais, c'est un latin de cuisine.)

H. DAUMIER

LE FANTÔME

LES BLANCHISSEURS

Le bleu s'en va, mais ce diable de rouge tient comme du sang.

H. DAUMIER

— Bobonne, Bobonne! tu me ferais un monstre comme ça, ne le regarde pas tant!

SOUVENIRS

H. DAUMIER

H. DAUMIER

REGRETS

H. DAUMIER

HENRY MONNIER (Rôle de Joseph Prudhomme)

— Jamais ma fille ne deviendra la femme d'un écrivassier!...

H. DAUMIER

MÉNÉLAS VAINQUEUR

Sur les remparts fumants de la superbe Troie,
Ménélas, fils des Dieux, comme une riche proie,
Ravit sa blonde Hélène et l'emmène à sa cour
Plus belle que jamais de pudeur et d'amour.

H. DAUMIER
PAYSAGISTES AU TRAVAIL...

— La voilà!... ma maison de campagne!...

H. DAUMIER

NADAR
élevant la Photographie à la hauteur de l'Art.

H. DAUMIER

— En v'là un, il pourrait bien être malheureux comme les pierres, que je lui
donnerais pas pour un sou d'ouvrage.

H. DAUMIER

— Fichtre!.. Épatant!... Sapristi!... Superbe!... ça parle!...

H. DAUMIER

FAUSSE POSITION!!!

— Arrive donc marsoin; a-t-on vu ce caniche-là, ça veut être marin, ça se fait des bateaux avec des coquilles de noix, et ça craint les bains à 4 sous.

H. DAUMIER

ROBERT MACAIRE

— Salut! terre de l'hospitalité... Salut! patrie de ceux qui n'en ont plus... Asile
sacré des malheureux que la justice humaine proscrit... Salut!!
A tous les cœurs fanés que la Belgique est chère!

E. GIRAUD

G. FLAUBERT

E. GIRAUD

SAINTE BEUVE

DURANDEAU

FRÉDÉRICK LEMAITRE

DURANDEAU

MÔSSIEU ET SA DAME!...

A. GILL

L'Avenir lui sourit

A. GILL

La Fille de Mme Angot

A. GILL

L'OISEAU SUR LA BRANCHE

A. GILL
LE 15 AOUT

CHAM

— La République ?
« C'est nous autres ! »

CHAM

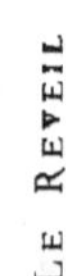

LE REVEIL

— Allons bon! Voilà les chevaux de ma femme et de son cousin qui s'emportent et le mien qui ne veut pas avancer! C'est comme un fait exprès, chaque fois que le cousin de ma femme choisit les chevaux, j'ai toujours une rosse qui me laisse en arrière.

PHILIPPON

L'ARTILLERIE DE SIÈGE EST DESTINÉE A FAIRE ÉVACUER LES FORTERESSES
ET A OPÉRER SUR LES DERRIÈRES DE L'ENNEMI

LEONCE PETIT

La Promenade des Frères

Le Retour du pochard

BENJAMIN

— N'oubliez pas le postillon, bourgeois !

— C'est juste, tiens, voici............ ... une poignée de main.

BENJAMIN

DAUMIER fut le peintre ordinaire
Des pairs, des députés et des Robert-Macaire.
Son rude crayon fait l'histoire de nos jours.
— O l'étonnante boule! ô la bonne figure!
— Je le crois pardieu bien, car Daumier est toujours
        Excellent en caricature.

E. DE BEAUMONT

UN MOSIEU

QUI SE PRÉPARE A VOYAGER SUR UNE MACHINE A AIR COMPRIMÉ

G. DORÉ

G. DORÉ

G. DORÉ

Un Herrcule du Nord, un incomparable Alcide.

VICTOR HUGO

GOULATROMBA

C'est un homme fort doux et de vie élégante,
Un seigneur dont jamais un juron ne tomba,
Et mon ami de cœur, nommé Goulatromba.

(*Ruy Blas*.)

HADOL

CARTE DE VISITE DU CHARIVARI

L. Leroy   H. Daumier   Cham et Bijou   Pierre Véron   Altaroche   Zabban

G. Guillemot H. Maret G. Naquet J. Moinaux A. Delassalle R. Hyenne   Philibert A. Delvau A. Arnoult Ch. Joliet

A. Darjou A. Huart Ch. Vernier   Bienvenu A. Pougin   Ch. Bataille Vizentini J. Denizet P. Audebrand   Stop

Edmond Villiers P. Girard   A. Gill   Morland   Hadol

— Ah ! si j'avais ce qui te manque ! ! !

JEAN QUI RIT, JEAN QUI PLEURE.

(Étude d'après nature, commencée en juillet 1830 et terminée en février 1848.)

Avis au public. — L'extrême retard apporté dans la publication de cette étude vient du refus obstiné du modèle, qui n'a consenti à donner la dernière séance que le 24 février 1848, le jour même de son départ pour la campagne.

Mʳ Potasse, gentilhomme de la Chambre.

Mᵐᵉ Potasse, dame d'Atours.

Mᴵˡᵉ ÉTIENNE-JOCONDE-CUNÉGONDE-BÉCASSINE DE CONSTITUTIONNEL

Indignée, ébouriffée et rococofiée à la représentation d'*Antony*,
où ce polisson de Dumas a eu l'immoralité de se moquer de la noble famille
Bécassine de Constitutionnel.

www.ingramcontent.com/pod-product-compliance
Lightning Source LLC
LaVergne TN
LVHW021836170726
843503LV00003B/953